献给河北建设集团成立七十周年

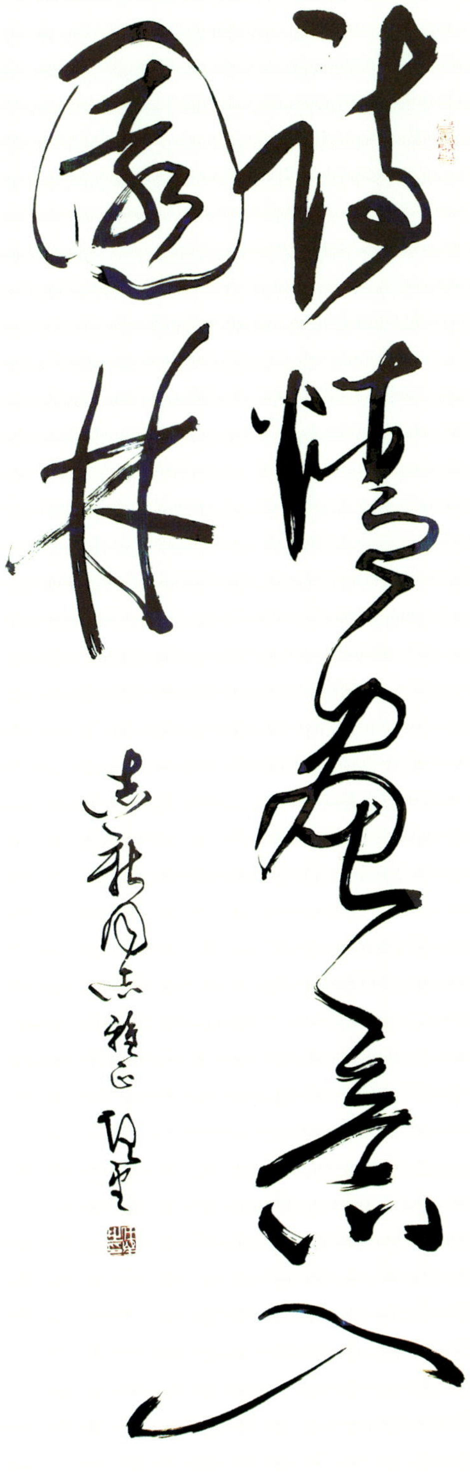

诗情画意入园林

书法家熊任望先生为作者题写

山石之缘

一石

慧眼观奇石，百态天造化。

未言已成诗，无笔能生画。

赏石悟道理，石中见文化。

小石大世界，神奇囊天下。

保定展园

景石

马志新 著

河北大学出版社
·保定·

出 版 人：朱文富
责任编辑：韩立霞
装帧设计：张彦琪
责任校对：兰彩红
责任印制：常 凯

图书在版编目（CIP）数据

保定展园·叠石 / 马志新著. -- 保定 ：河北大学出版社，2022.7
ISBN 978-7-5666-2042-2

Ⅰ. ①保… Ⅱ. ①马… Ⅲ. ①叠石－园林艺术－保定 Ⅳ. ①TU986.4

中国版本图书馆 CIP 数据核字（2022）第 106545 号

出版发行：河北大学出版社
地址：河北省保定市七一东路 2666 号 邮编：071000
电话：0312-5073019 0312-5073029
邮箱：hbdxcbs818@163.com 网址：www.hbdxcbs.com
经 销：全国新华书店
印 刷：保定市正大印刷有限公司
幅面尺寸：170 mm × 240 mm
印 张：12.25
字 数：114 千字
版 次：2022 年 7 月第 1 版
印 次：2022 年 7 月第 1 次印刷
书 号：ISBN 978-7-5666-2042-2
定 价：158.00 元

序

本书是一本关于叠石艺术的画册。书中展示了雄安新区郊野公园保定展园中的叠石作品。该园在掇山、置石、理水中传承了中国古典园林的造园手法，是以“石”取胜的佳作。该园运用传统造园元素——石，塑造了雄、奇、险、秀、幽、奥等丰富的山体艺术造型，展现了山石景观与水、植物、建筑之间的和谐关系，将山的气质、灵性表现出来，形成了形神兼备、浑厚沉稳的具有太行神韵的独特艺术风格。尤其是假山车库叠石作品山体轮廓简洁、突出、高耸，与车库入口完美融合在一起，既满足了功能需要，又与全园景观相融合，也衬托了“莲池书院”牌楼的高大宏伟，展现了入口空间明朗、高雅、气势的艺术效果，成为保定展园核心景观之一。

园中置石和驳岸的处理，有聚有散、若断若续，一脉既毕、余脉又起，体现了园中叠石的韵律之美。应用大的石块与高大的造型松组成的山林景观，远观犹如一幅画作。石有树才更能体现生命的活力和岁月的沧桑。这些独特的景观在画册中都有所呈现。

作者马志新具备绘画、书法、篆刻、摄影等多项艺术素质，功底深厚，酷爱园林，从事叠石设计、施工工作多年，积累了丰富的实践经验，对相石、品石、叠石都有独到之处，每置一处，成功一处。为了达到艺术效果，无论严寒酷暑，他都会亲临现场指导吊装安置，并结合多种影响因素做到石尽其才、各得其所。他用心在做、用情在做，是一位不可多得的叠石专家，是一位匠于心、品于行的艺术家。

为此画册作序，非常高兴。在生态环境建设中，叠石景观还有相当大的发展空间，希望作者不忘初心、不懈奋斗，创造更加辉煌灿烂的明天！

杨淑秋.

2021.8.

前　言

保定是一座历史文化名城，坐落在城中的古莲花池是全国十大名园之一。古莲花池集园林与书院于一体，文化底蕴深厚。雄安郊野公园保定展园是以古莲花池为蓝本而建造的园林式的国学教育基地。

本画册展示的是保定展园园林景观中的叠石及植物配置。希望广大读者通过画册的介绍，欣赏和感受展园的施工过程，深入了解北方山石的独特魅力。太行山石作为北方山石的代表，本地资源极其丰富。在园林中巧妙运用太行山石，同样会获得“虽由人作，宛自天开”的园林艺术之美。

太行山石在北方园林中有着广泛的应用，不论是皇家园林、私家园林，还是寺观园林，随处可见太行山石的身影。雄安郊野公园保定展园同样也采用了大量的太行山石，原汁原味地再现了古莲花池的艺术风貌，充分展现了太行山石雄伟、浑厚、沉稳、壮观的艺术效果。本画册图片全部由手机拍摄，真实地展现了保定展园叠石景观的建造过程。雄安郊野公园保定展园，由河北建设集团生态环境有限公司承建。

马志新

2021.10.18

目　录

第一章 诗情画意入园林

竣工于 2021 年 7 月的雄安郊野公园是雄安新区生态文明建设中的一个亮点。它占地 18 平方千米，由 14 个展园、1000 公顷秀林组成，保定展园就是这 14 个展园之一。

保定展园一角

园林艺术，自然之道也

2021 年 11 月 12 日，河北省绿化委员会、河北雄安绿博园建设筹建工作领导小组公布了对河北雄安郊野公园建设工作的评奖结果。保定展园、保定林项目揽获四项大奖、两项特等奖、两项金奖。其中展园中的“假山车库”荣获最美建筑金奖，“庭院花境”荣获最美花坛花镜特等奖。

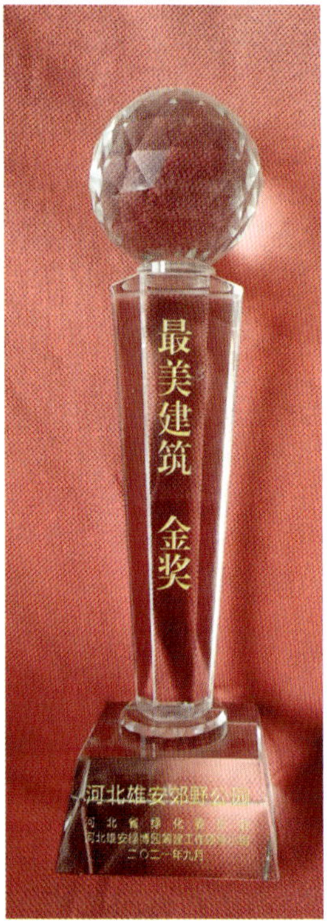

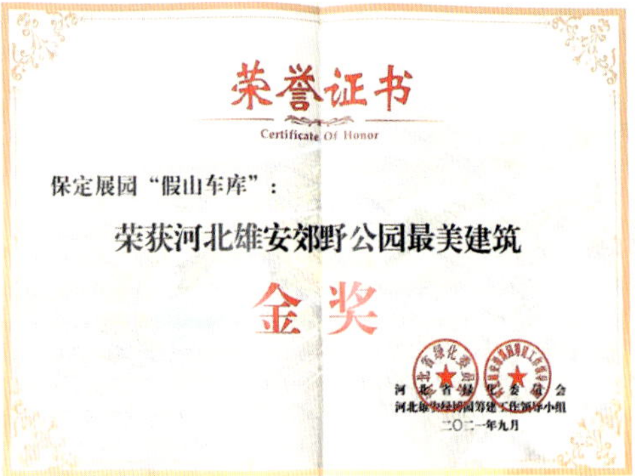

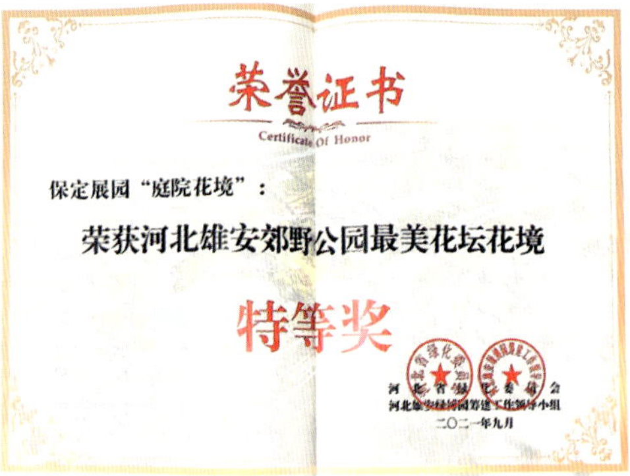

风景这边独好

高起点规划，高质量建设

莲池书院落雄安

匠于心，品于行

时宜得致，古式何裁

得体合意，雅致相称

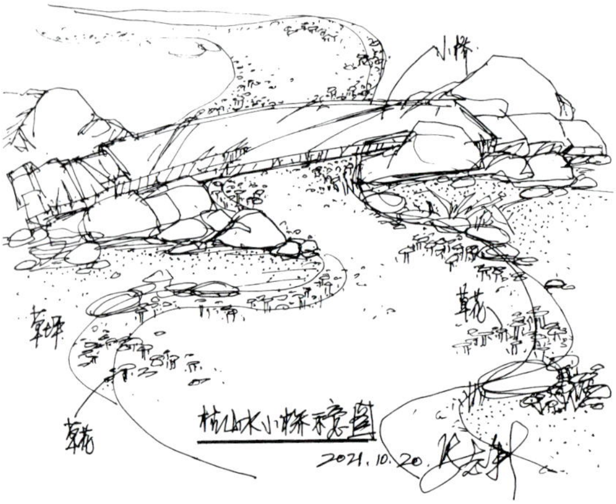
小桥
草坪
草花
草花
枯山水小桥示意图
2021.10.20.

虽由人作，宛自天开

国学大讲堂

匠心出精品

万卷楼

安亭得景，笑以春风

小景观其精，大景观其势

第二章　假山叠石

叠石是传统园林中的重要组成部分。山石形态的不确定性以及建造过程中的不确定性因素在增加创作难度的同时也为叠石作品提供了无限可能。这就需要“能主之人”具备统领全局的本领：高超的叠石技艺、深厚的艺术功底，以及高尚的品格和情操。在施工过程中，“能主之人”只有心中时刻围绕景观效果的需求，实地考察，逐石逐苗地选用，并亲临施工现场把控，才能确保园林景观达到最佳效果。否则，稍有疏忽，便会出现败笔和遗憾。

就叠石而言，前人和今人在这方面已有很多论著，并都做了详细的论述。明计成在《园冶》中曾说：“园中掇山……是以散漫理之，可得佳景也。”我理解的“散漫理之”不是随意，而是追求自然。叠石看似无法，实则有法；而有法又无法，无法又有法，这就是其中的奥妙。

一石

太行秀石叠雄安，书院绿水配青山。

郊野公园添新秀，莲池书院出圣贤。

太行石

郊野公园造书院，古城名园落雄安

景观奇石出太行

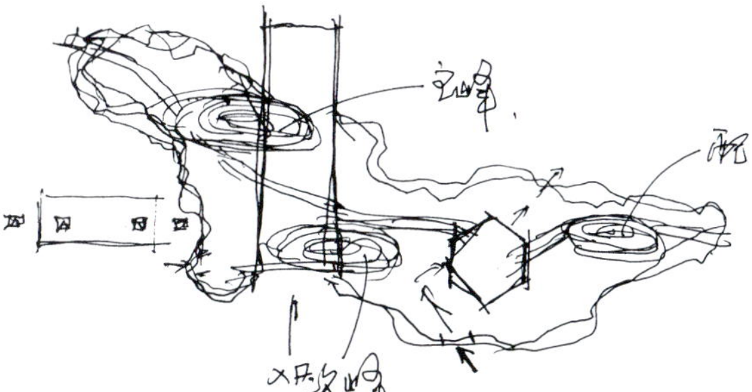

最初手稿平面图

问渠那得清如许，为有源头活水来

最初手稿立面图

叠石悟道，术业专攻

生态优先
绿色发展
建设美丽雄安

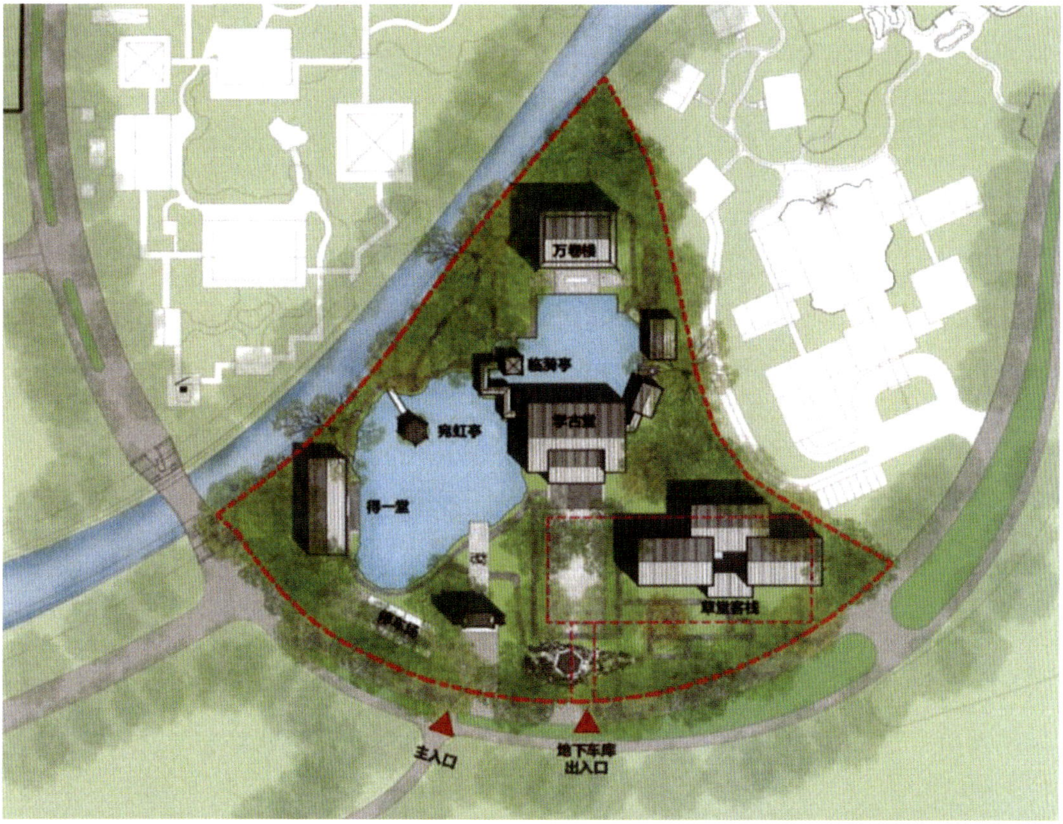
万卷楼
临漪亭
宛虹亭
学古堂
得一堂
草堂客栈
主入口
地下车库
出入口

路在脚下

假山车库

太行奇石造山川，一扫平庸出奇观。

车库入口显神奇，太行景石叠隽峰

车库入口出奇观，巧夺天工造自然

无园不石

芦花风情映莲池

犹抱琵琶半遮面

佳境幽深

幽廊深处吟诗声

国学书院得传承

峰峦叠嶂，见景生情

咬定青山不放松

技艺相传，巧夺天工

山光石色，碧水荷风

山情存野趣，游以已忘归

青山芳草起波澜，风吹草低飘清香

有收有放，高低错落

山路盘长，曲径通幽

处处皆盛景，咫尺有山林

依石而息，眺览奇观

凌云

峰峦灵秀有深情，一松一石叙人生

虎卧盘石惊天下，雄安崛起誓复兴

深解设计之意，呈现山石之情

拙石巧叠成胜景，书院奇观得传承

春风叠翠

远借入其观，造景融自然

踏遍千山人未老，太行峡谷觅奇石

欲知叠石之奥妙，还拟理石之精规

石无定势，山有定法
山石偶然，转化必然

石类色同纹理顺，横竖斜卧走势同

三分匠七分能主之人

俯身躬耕，景以境出

小石大世界，神奇囊天下

大国工匠　筑梦园林

能主之人与有灵性的石头对话，与空间对话

驳　　岸

莲池湖畔赏盛景，时闻琅琅吟诗声。

小桥流水人来去，莲池碧水传蛙声

石本顽，树活则灵
山本静，水流则动

碧水荷花起涟漪，柳影入池鱼戏树

驳岸妙景似仙境，渔舟唱晚传佳音

莲池驳岸显秀色，碧水青莲露峥嵘

驳岸嬉水恋青莲

疏密聚散，高低错落

石令人古，水令人远

书院皆佳境，人在画中行

沿溪可问柳，循路可寻花

泉眼无声惜细流，树阴照水爱晴柔

一峰则太华千寻，一勺则江湖万里

国学书院百花园，育才桃李遍天下

置　　石

外师造化，终得心缘。

密林深处稳讲堂，幽竹芳丛见峰石

山野秀色自天开

雄峰脚下春意浓

只留清气满乾坤

园无石不秀，室无石不雅

行出于己，名生于人

虬枝峥嵘

岩　洞

宛自天开有奇峰，太行景石叠仙洞。

岩峦洞穴有奇观，传统名园法自然

古雅 幽玄 神秘

情飞扬，志高昂，人灵秀

功在诗外

沙渚景观

园内草堂客栈负一层几处逼仄的空间，由于光照和湿度受限，采用了沙渚景观的手法。通过置石的点缀、白沙的衬托，咫尺之间，山林意味深远。恬静空间，返璞归真。

审美　精神　气韵

人格　修养　品位

文化　思想　世界观

修身　立世　克己

第三章　植物配置

一个优秀的景观叠石作品，一定离不开优秀的植物配置。

当景观叠石完成后，合理的植物配置是非常重要的，它直接关系叠石的景观效果。因此要精心把控植物种植过程中的每一个环节。只有结合园林景观的宏观需求，结合叠石峰峦叠嶂的变化和蜿蜒曲折的驳岸，以及疏密聚散的园内置石，精心有序地进行合理的植物配置，才能达到理想的园林艺术效果。

庭院花境

郊野公园山水秀，大美中国看雄安。

人与自然和谐共生

待到山花烂漫时

艺无涯

艺相通

接天莲叶无穷碧，映日荷花别样红

山水结合，相映成趣

咏松

一石

斑枝如铁骨，繁针绿如蓝。
潇洒伴乾坤，浩气满世间。
风啸如倒海，屹立似泰山。
独宠万木中，崇尊存万年。

师法自然

莲池书院育莲人

松 · 石景观

山林意味深求，松石邀月招云。

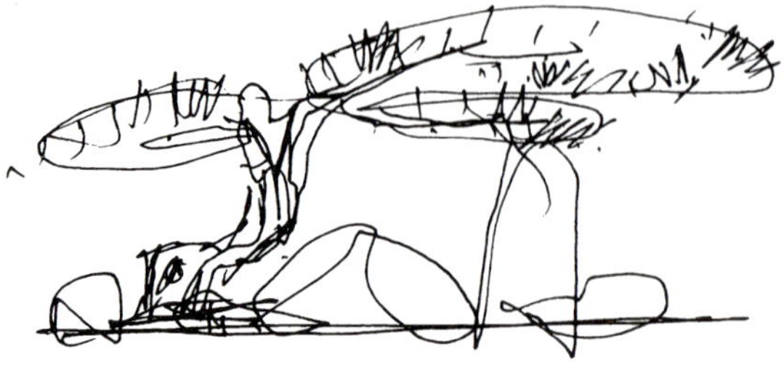

松欲古，石欲怪
水欲清，花欲鲜

斑枝如铁骨，繁针绿如蓝

园林景观，生态优先

劲松落书院，景石叠秀山

松涛

石

长伴书院追梦人

书院古风润新区

明月松间照，清泉石上流

蜿蜒驳岸已形成，期待碧水入湖中

地耸苍龙势抱云，深入山林寻奇松

林中置石

山石崖刻是叠石文化的重要组成部分，它能平添许多优美的人文景观。充满文化意蕴的山石，置于云水之间，往往能令人沉思、遐想、顿悟。

松风

松高出重木，待我尽其才

满园春色关不住，万紫千红总是春

太行驿站置秀林

千年秀林，待峥嵘

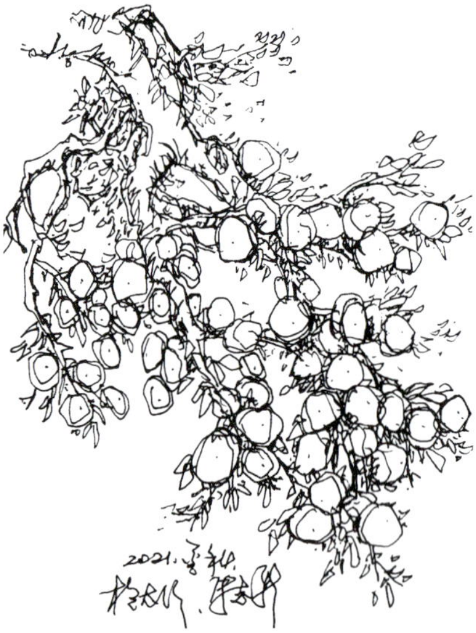

事事如意，有石成园

画龙点睛

文以修身
行以健脑

铭刻景石伴秀林

此处无声胜有声

材

金秋枣儿红，玛瑙挂树中

秀林无限美，彩笔绘宏图

崇尚自然

一石

巧夺天工造自然，绿水青山得呈现。

天蓝水清风光美，生态彩笔绘江山。

天人合一大中国，崇尚自然环宇间。

中华大地展锦绣，万里祖国是花园。

书院琅琅读书声

曲径通幽处

第四章　千里之行　始于足下

叠石人在师法自然、师承前辈的基础上，走进深山，拥抱自然，观察探索山、水、林、草的状态与规律，分析、了解、掌握它们，汲取自然气息与精髓……

遵循历代叠石名家的教诲，总结学习他们的经验和理论，结合实践，实际操刀，从选石、相石等点点滴滴做起，做到石石留有足迹、块块得心应手、用心理解其奥妙，方可再现大自然的鬼斧神工。

积土成山，积水成渊，锲而不舍，金石可镂。

秀林深处有奇观

繁花似锦，姹紫嫣红

专家指导，薪火相传

园林艺术得传承

花境怡人春拂面，芳草绽放飘香风

锦绣前程，未来可期

江山如此多娇……

数风流人物，还看今朝

后　记

2021年阳春三月，笔者参加了雄安郊野公园保定展园的建设，主要任务是主持保定展园的叠石项目，包括假山、驳岸、散置景观石及绿化配置等。

保定展园的假山，要求坐落在公园入口处、地下车库入口的构筑物上。东西方向横跨车库入口顶部，上千吨的石头需要叠置在地下车库的上方，消除展园入口的不和谐景象，使庞大的地下车库入口构筑物由园林假山取而代之。

地下车库构筑物，位于公园入口大牌楼东侧5米左右，南高北低，坐北朝南，与展园牌楼并列，南北长达30多米，东西宽有6米左右，高将近6米，在如此条件下堆砌大型假山，特别应注意的是，如何在地下车库的荷载不受影响的前提下使假山的效果和功能得到保证。

首先要做的是，根据地下车库的实际情况确定假山的具体位置，规划出假山的基础范围，合理地确定假山的主峰、次峰、配峰及登道、观光亭、观景平台、洞室、树穴等详细点位，满足地下车库载承能力的安全性要求。

万事开头难，有了成熟的思路，就要发扬团队精神，按需求进行石材的选购。团队成员寻访了太行山区的大部分石材市场，分期分批地将石材按要求运输到施工现场。

在大型园林假山施工过程中，统一师傅们的思想、明确施工方向是保证工程顺利进行的重要环节；交代清楚施工目的、同师傅们打成一片是确保施工顺利的基础。在如此复杂的环境下施工，可以说每天都会遇到困难，时时需小心谨慎，不得有半点懈怠和差错，其中安全问题尤为重要。总重上千吨的石头，每天在空中吊来吊去，每块石头都在十几吨左右，指挥者的心每天像石头一样在空中悬着。

展园大型假山项目顺利完成后，莲池书院的莲花池驳岸叠石就容易得多了。在不失莲花池的景观效果下，按照设计要求，精心施工、把控效果、及时调整、掌控宏观、关注微观，石石叠置到位，莲花池叠石景观同样得以顺利完成，其中园内的散置景石也起到了画龙点睛的作用，同样透着景以境出的神韵。

地下车库的三处沙渚景观和秀林的八处铭刻石点缀也是神来之笔。

假山、驳岸施工结束后，随之而来的就是植物的配置。保定展园花境效果的出现，是团队通力合作的结果，也是精心施工的体现。团队成员实地考察苗圃，逐苗逐棵地精选理想品种，保证了展园的需求。

保定展园只是雄安郊野公园的冰山一角，画册主要介绍的也是保定展园的叠石和植物配置部分。展园的景观还有很多，画册仅展示了一小部分的景观施工过程，全面了解还需亲临实景去体验。

画册在整理过程中，得到了恩师杨淑秋先生的大力支持和指教，在此表示衷心的感谢。同时，霍进虎同志也对资料整理工作给予了大力支持，一并表示感谢。

笔者水平有限，作为一名再造自然的山匠，只想传承园林技艺，不妥之处还请谅解。

马志新

2021.8

作者简介

马志新

河北建设集团生态环境有限公司技术总监

中国园林古建技术名师

工艺美术师

河北省盆景赏石专业委员会专家组成员

作者长期从事园林景观设计与施工工作，作品遍布国内多地，尤其是对园林景观叠石有着自己的独到见解。同时，在长时间深入学习研究前人和今人的造园经验和掇山叠石手法的基础上，巧妙开发利用当地资源——太行山景石，创作出了许多园林叠石作品。完成的叠石施工项目有：

雄安郊野公园保定展园叠石项目

河北大学毓秀园叠石景观

河北农业大学（西校区）耕读园叠石景观

河北医科大学校园内叠石景观

保定竞秀公园叠石项目

保定植物园叠石项目

保定府河公园叠石项目

保定关汉卿大剧院景观叠石项目

保定市黄花沟公园叠水景观项目

保定市戏曲公园水岸叠石景观项目

保定东篱庄园叠石项目

涞源烟墩山公园叠石项目

涞水聚秀公园假山叠石项目

涞水玉斗风景区景观叠石项目

阜平县职业技术教育中心新校区景观叠石项目

高阳城市景观置石项目

高阳龙湖公园叠石项目

泊头市滨河景观叠石项目

张家口市世纪路景观大道置石项目

张家口城中城小区景观叠石项目

内蒙古自治区呼和浩特市恒大地产叠石项目

内蒙古自治区赤峰市城市景观叠石项目

内蒙古自治区赤峰市恒大地产小区景观叠石项目

陕西汉中汉源湖景观叠石项目

陕西汉中恒大地产景观叠石项目